Dimitri Falk

Der Wasserkreislauf. Grundgleichung des Wasserhaushaltes

GRIN Verlag

Bibliografische Information der Deutschen Nationalbibliothek:

Die Deutsche Bibliothek verzeichnet diese Publikation in der Deutschen Nationalbibliografie; detaillierte bibliografische Daten sind im Internet über http://dnb.d-nb.de/ abrufbar.

Impressum:

Druck und Bindung: Books on Demand GmbH, Norderstedt Germany
ISBN: 978-3-656-60703-8

Dieses Buch bei GRIN:

http://www.grin.com/de/e-book/269564/der-wasserkreislauf-grundgleichung-des-wasserhaushaltes

RWTH Aachen
Geographisches Institut
Grundseminar Physische Geographie
Sommersemester 2010
Hausarbeit

06.04.2010

Der Wasserkreislauf

Grundgleichung des Wasserhaushaltes

Dimitri Falk

Dimitri Falk

2. Semester
Studienfach: B.Sc. Angewandte Geographie

Inhaltsverzeichnis

1 Einleitung

Bereits in der Antike spekulierten Aristoteles und Thales über das Phänomen des Wasserkreislaufs. Obgleich sie erkannten, dass Wasser eine wichtige Voraussetzung für das Leben auf der Erde ist, so entzogen sich ihnen die grundlegenden Zusammenhänge, die den Kreislauf ausmachen (Marcinek/Rosenkranz 1996:25). Erst in der Renaissance wurden die korrekten Relationen von Leonardo da Vinci erkannt (Marcinek/Rosenkranz 1996:26). Das Modell fand zu jener Zeit jedoch keine weitgehende Akzeptanz und erreichte die volle Anerkennung erst im 19. Jh. (Wilhelm 1997:13) durch wegweisende Arbeiten von J. Murray und E. Brückner (Marcinek/Rosenkranz 1996:26). Stellvertretend für den Anreiz der Forschungen lässt sich nachfolgendes Zitat heranziehen (Pfaff 1878 zit. in Marcinek/Rosenkranz 1996:25):

> *Den Lauf der Wasser von den Bergen zu den Thälern, von dem Lande zum Meere sehen wir unaufhörlich vor unseren Augen sich vollziehen, und dennoch wird das Meer nicht voller und die Quellen und Ströme versiegen nicht.*

Wasser ist aufgrund seiner Eigenschaften für das Leben auf der Erde von außerordentlicher Bedeutung. Es ist ein wichtiges Medium bei vielen Stoffwechselvorgängen (Keller 1961:9) und stellt somit die Grundlage allen Lebens dar. Prognosen der Klimaerwärmung und des Bevölkerungswachstum bis zum Jahr 2025 ergeben jedoch, dass in weiten Teilen der Erde Wasserknappheit herrschen wird, da aufgrund des steigenden Bedarfs das verfügbare Wasser nicht mehr ausreichen wird (Schulte et al. 2007:451). Zudem spielt es durch seine Bindung an den Strahlungs- und Wärmehaushalt eine tragende Rolle für das Klima (Schönwiese 2008:152).

Den Einstieg in das Thema stellt eine Übersicht über die auf der Erde verfügbaren Wasservorkommen und deren unterschiedliche Verteilung dar. Anschließend werden die globalen Zusammenhänge im Modell des Wasserkreislaufs vorgestellt, um darauf aufbauend detaillierter auf die Verdunstung, den Niederschlag und den Abfluss als wichtigste Komponente des Wasserkreislaufs einzugehen. Basierend auf diesen Ausführungen wird die Grundgleichung des Wasserhaushaltes erläutert, die es ermöglicht, die im Wasserkreislauf zirkulierenden Wassermengen quantitativ zu erfassen. Schließlich wird der anthropogene Eingriff in den Wasserkreislauf angerissen und mit den daraus resultierenden Folgen vorgestellt. Ziel der Arbeit ist es die Zusammenhänge und Prozesse im Modell des Wasserkreislaufs herauszuarbeiten und basierend auf der Grundgleichung des Wasserhaushaltes einen Einblick in die Wassermenge zu erhalten, die dem Menschen zum Wirtschaften zur Verfügung steht.

2 Wasservorkommen auf der Erde

Das Wasser, eine für das Leben essenzielle chemische Verbindung aus Wasserstoff und Sauerstoff (Davie 2008:3), verteilt sich höchst ungleichmäßig auf die einzelnen Speicher der Erde (McKnight/Hess 2009:333) und kann sowohl in festem, als auch in flüssigem und gasförmigem Zustand vorkommen (Davie 2008:2). Die auf der Erde vorhandenen Wassermengen konnten jedoch bislang nicht exakt berechnet werden und beruhen daher auf Schätzungen und Näherungswerten (Marcinek 1997:450). Die Menge des insgesamt verfügbaren Wassers auf der Erde wird auf ca. 1,64 Mrd. km^3 geschätzt, von denen etwa 0,25 Mrd. km^3 chemisch in der Lithosphäre gebunden sind (Wilhelm 1997:11). Die Menge des frei beweglichen Wassers wird nach Baumgartner und Liebscher (1990:83) mit 1,386 Mrd. km^3 angegeben. Wie in Tab. 1 zu erkennen ist, besteht 97,5% des frei beweglichen Wassers aus Salzwasser mit einem Volumen von 1,351 Mrd. km^3, das sich wiederum zu 99% auf das Meer, zu 0,95% auf das Grundwasser und zu 0,01% auf Salzseen aufteilt. Der Süßwasseranteil des frei beweglichen Wassers beträgt 2,5% mit einem Volumen von 35,029 Mio. km^3 und teilt sich auf das Festland und die Atmosphäre auf. Der größte Anteil des Süßwassers ist mit 69,6% und einem Volumen von 24,364 Mio. km^3 im Eis der Hochgebirge und Polargebiete gespeichert und entzieht sich somit weitgehend der Nutzung (Marcinek/Rosenkranz 1996:33). Das im Grundwasser gespeicherte Süßwasser stellt mit 30,1% und einem Volumen von 10,535 Mio. km^3 den zweitgrößten Süßwasserspeicher der Erde dar. Der im Boden, in Oberflächengewässern wie Flüssen und Seen und in Organismen gespeicherte Süßwasseranteil fällt verhältnismäßig gering aus, obwohl das Wasser dort eine zentrale Rolle spielt (Schönwiese 2008:152).

Tab. 1: Bewegliche Wassermenge der Erde und ihre Verteilung auf einzelne Speicher (Wilhelm 1997:12)

Vorkommen	Fläche[1] [10^6 km^2]	Volumen [10^6 km^3]	Anteil Ges. Wasser [%]	Süß-Salz-Wasser [%]
Gesamtwasser (beweglich)	**510**	**1385,984**	**100,0**	
Salzwasser	**496**	**1350,955**	97,5	**100,0**
davon				
im Meer	361	1338,000		99,041
im Grundwasser	135	12,870		0,952
in Salzseen	1	0,085		0,006
Süßwasser	**149**	**35,029**	2,5	**100,0**
davon				
im Eis (Gletscher, Meereis, Schnee, Permafrost)	38	24,364		69,554
im Grundwasser	135	10,535		30,061
in der Bodenfeuchte	135	0,016		0,046
in Oberflächengewässern	135	0,105		0,300
in der Atmosphäre	510	0,013		0,037
in Organismen	135	0,001		0,003

[1] Fläche, auf die die Vorkommen bezogen sind, z.B. Grundwasser u.a. ohne Fläche der Antarktis.

Die Atmosphäre enthält ebenfalls nur einen verhältnismäßig geringen Anteil Süßwasser mit einem Volumen von 12.900 km^3, jedoch wird der gesamte Kreislauf mit einem Volumen von 496.000 km^3/a über diesen Speicher umgesetzt. Das bedeutet, dass die in der Atmosphäre gespeicherte Wassermenge alle 9-10 Tage ausgetauscht werden muss (Wilhelm 1997:12). Dieses kurzfristige Speicherglied wäre bei einer globalen Klimaerwärmung insofern veränderbar, als dass bei einer global erhöhten Temperatur durchgehend mehr Wasserdampf in der Atmosphäre gehalten werden könnte (Lauer/Bendix 2006:102). Mit der Erhöhung der Temperatur würde sich der Anteil des Süßwassers, der in Form von Eis gespeichert wird, jedoch verringern und zu einem Anstieg des Meeresspiegels führen (Strahler/Strahler 2005:203). Gegensätzliches wäre bei einer Abkühlung der Erde der Fall.

3 Der Wasserkreislauf

Von den gewaltigen Wassermassen der Erde nimmt ständig nur ein kleiner Teil am Wasserkreislauf teil. Die beteiligten Wassermengen zeigen sich dabei wechselweise in verschiedenen Aggregatzuständen (Marcinek 1997:455) und in einer Serie fortwährender Veränderungen ihrer geographischen Lage (Strahler/Strahler 2005:200).

Wie aus Abb. 1 ersichtlich ist, können die starken Verdunstungsgebiete des Weltmeeres, aus denen der größte Teil des atmosphärischen Wasserdampfs stammt, als Ausgangspunkt und Antrieb für den Wasserkreislauf gesehen werden (Hupfer 1996:36). In der Atmosphäre durchläuft das Wasser den Prozess der Wolkenbildung, um dann als Niederschlag in unterschiedlicher Form auf Meeres- und Landflächen niederzufallen (Schönwiese 2008:152). Der größere Teil dieses Niederschlages fällt jedoch wieder auf die Meeresoberfläche zurück, während der kleinere Teil durch die atmosphärischen Zirkulation auf die Kontinente verfrachtet und dort als Niederschlag an die Erdoberfläche abgegeben wird (Lauer/Bendix 2006:102). Erreicht der Niederschlag die Erdoberfläche, kann er dort unterschiedlich lange in ober- und unterirdischen Speichern verweilen, bis er durch Evapotranspiration schließlich wieder in die Atmosphäre gelangt oder aber von den Landflächen abfließt. Seen, Flüsse und Gletscher stellen die oberirdischen Speicher dar; Boden und Gestein die unterirdischen Speicher (Schulte et al. 2007:452). Der Abfluss des Niederschlagswassers vollzieht sich einerseits oberirdisch in die Flüsse, andererseits versickert es und füllt das Grundwasser auf, das über Quellen an die Oberfläche tritt, sowie direkt die Flüsse speist (Marcinek 1997:455). Über die Flüsse vollzieht sich der Abfluss ins Meer und der globale Kreislauf schließt sich (Schulte et al. 2007:452).

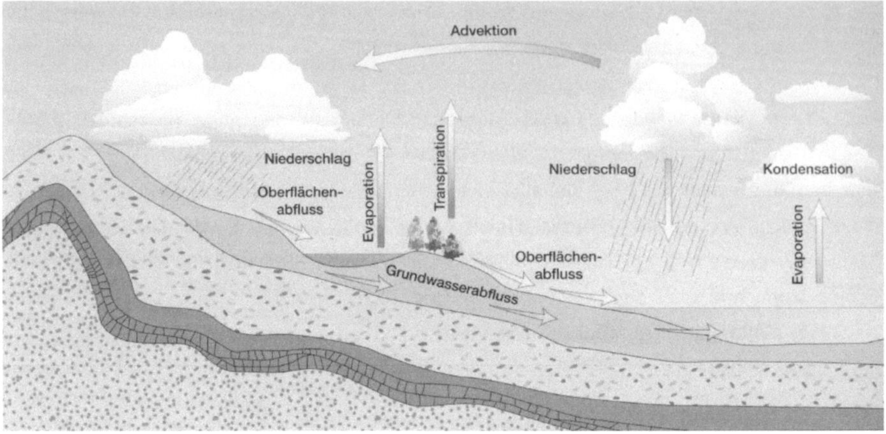

Abb. 1: Der Wasserkreislauf (McKnight/Hess 2009:334)

Angetrieben wird der Wasserkreislauf durch die Sonnenstrahlung, welche die für die Verdunstung benötigte Energie liefert (Marcinek 1997:450), während das Gravitationsfeld der Erde und die Corioliskraft über resultierende Winde die Verteilung der Niederschläge bestimmen (Kazmann 1972:3).

Sowohl beim Niederschlag, als auch bei der Verdunstung und beim Abfluss gibt es gemäß den jeweils vorherrschenden geographischen Bedingungen regionale Differenzen. Meeres- und Landflächen mit hohen Verdunstungs- bzw. Niederschlagsraten stehen dabei Gebieten mit geringen Verdunstungs- bzw. Niederschlagsraten gegenüber (Marcinek 1997:456). In den Meeren übernehmen die Meeresströmungen Austausch und Abfluss des gefallenen Niederschlages, sodass dadurch Differenzen ausgeglichen werden (Marcinek/Rosenkranz 1996:42).

Durch dieses simplifizierte Modell des globalen Wasserkreislaufs darf man jedoch nicht außer Acht lassen, dass es viele kleine Kreisläufe gibt, die an verschiedenen Stellen in den globalen Kreislauf integriert sind (Symader 2004:13). Zum Beispiel entstammt ein Teil der Niederschläge auf dem Festland nicht der Feuchtigkeitszufuhr des Meeres, sondern der Verdunstung vom Festland. Ebenso gelangt ein Teil des auf dem Festland verdunsteten Wassers durch Advektion in die Meeresräume, wo er als Niederschlag ausgefällt wird (Marcinek 1997:456). Nur bei globaler Betrachtung handelt es sich um ein geschlossenes System, in dem es keine Massen- oder Energieverluste gibt (Davie 2008:11). Alle Untersuchungen von Teilräumen der Erde wie nur des Festlandes, nur des Meeres, von bestimmten Wassereinzugsgebieten oder normativen Regionen beschreiben offene Systeme, bei denen sowohl ein Input von Wasser durch Advektion, als auch ein Output von Wasser durch Abfluss vorhanden ist (Wilhelm 1997:13).

Die einzelnen Komponenten des Wasserkreislaufs haben direkten Einfluss auf die Biosphäre und die exogenen Formungsprozesse der Erde (Bauer et al. 2002:64) und sind zudem mit den Stoffhaushalten verknüpft. Zwar erfolgt durch Verdunstung eine Trennung von Wasser und Inhaltsstoffen, jedoch nimmt das Wasser in der Atmosphäre bereits bei der Kondensation neue Inhaltsstoffe auf. Durch den ober- bzw. unterirdischen Abfluss von Wasser werden zusätzliche „minerogene und organogene Stoffe“ (Wilhelm 1997:14) aufgenommen. Zudem ist das Wasser der Erde durch Energieumsetzungen beim Phasenübergang zwischen den Aggregatzuständen mit dem Wärmehaushalt gekoppelt (Bauer et al. 2002:64) und somit ein wichtiges Glied im vertikalen und horizontalem Energietransport (Wilhelm 1997:14). Darüber hinaus nimmt es durch die Albedo und den Treibhauseffekt direkten Einfluss auf die Strahlungsbilanz der Erde (WBGU 1997:62).

Im weiteren Verlauf werden die Hauptkomponenten des Wasserkreislaufs, Verdunstung, Niederschlag und Abfluss (Marcinek/Rosenkranz 1996:29), eingehender erläutert, wobei betont werden muss, dass sie im natürlichen Wasserkreislauf auf komplexe Weise miteinander verflochten und nicht isoliert zu betrachten sind (Davie 2008:5).

3.1 Verdunstung

Durch Verdunstung bzw. Sublimation werden Wassermoleküle aus dem festen oder flüssigen Aggregatzustand gelöst und in gasförmigen Aggregatzustand an die Atmosphäre abgegeben (Lauer/Bendix 2006:106). Der Verdunstungsbetrag hängt maßgeblich von der Wasserverfügbarkeit, der zur Verdunstung verfügbaren Wärmeenergie, dem durch die Temperatur bestimmten Sättigungsdefizit der Luft, dem Luftdruck und der Intensität turbulenter Luftbewegungen ab (Baumann et al. 1974:38). Die größten Verdunstungsraten werden auf dem Weltmeer über warmen Meeresströmungen im Bereich der Wendekreise erreicht, wo die Strahlungsenergie am stärksten in latente Verdunstungswärme umgesetzt wird (Barsch/Bürger 1996:235).

Im festen Aggregatzustand besteht Wasser aus einer Anordnung von Wasserstoff- und Sauerstoffatomen in einem hexagonalen Kristallgitter, bei der die freie Molekularbewegung eingestellt ist (Lauer/Bendix 2006:106). Dieses Kristallgitter wird bei Zufuhr von Wärmeenergie über den Schmelzpunkt hinaus aufgebrochen, sodass die Wassermoleküle aufgrund von erhöhter kinetischer Energie in eine ungeordnete Molekularbewegung übergehen. Im flüssigen Aggregatzustand werden die Wassermoleküle jedoch noch durch die zwischenmolekularen Anziehungskräfte zusammengehalten (Lauer/Bendix 2006:106). Die Molekularbewegung wird bei weiterer Energiezufuhr immer intensiver, sodass sich die Wasserstoffbrückenverbindungen zwischen den Wassermolekülen lösen können und einzelne Wassermoleküle somit in den gasförmigen Aggregatzustand übertreten. Je größer die Energiezufuhr, desto mehr Wassermoleküle können aufgrund ihrer erhöhten molekularen Bewegungsenergie den flüssigen bzw. festen Aggregatzustand verlassen (Lauer/Bendix 2006:106). Warme Luft führt ebenfalls zu einer höheren Verdunstungsrate, indem die Atome und Moleküle der Luft durch erhöhte Molekularbewegung heftiger mit den Wassermolekülen kollidieren. Dabei wird oftmals ausreichend Energie auf die Wassermoleküle übertragen, damit diese den gasförmigen Aggregatzustand annehmen können (McKnight/Hess 2009:191). Durch das Konzentrationsgefälle verlagern sich Moleküle von der Seite der höheren Konzentration zur Seite der niedrigeren Konzentration, bis ein Ausgleich eintritt (Lauer/Bendix 2006:105). Ist der Sättigungsdampfdruck von Wasser erreicht, so enthält die Luft den für die entsprechende Lufttemperatur maximalen Gehalt an Wasserdampf und es kommt zu keiner weiteren Verdunstung (McKnight/Hess 2009:191). Nur wenn die gesättigten Luftmassen durch turbulente Luftbewegung weggeführt werden, sodass der lokale Sättigungszustand aufgehoben wird und somit das Konzentrationsgefälle erhalten bleibt, ist ein kontinuierlicher Massenstrom von Wassermolekülen gewährleistet (Lauer/Bendix 2006:105).

Das Wasser wird auf zwei unterschiedliche Arten an die Atmosphäre abgegeben. Einerseits verdunstet das Wasser direkt, was als Evaporation bezeichnet wird (Strahler/Strahler 2005:203). Dies geschieht sowohl von der Wasseroberfläche, als auch von der Bodenoberfläche und dann aus zunehmend größeren Tiefen des Bodens. Die Luft strömt dabei auch in die Hohlräume des Bodens ein und kann abhängig vom lokalen atmosphärischen Luftdruck hinein oder hinaus gedrückt werden, sodass der Boden belüftet wird (Strahler/Strahler 2005:203). Bei geschlossenen Pflanzendecken wird häufig ein Teil des Niederschlags vom Blattwerk zurückgehalten und verdunstet wieder, ohne den Boden zu erreichen. Diese Sonderform der Evaporation von Blattoberflächen wird als Interzeptionsverdunstung bezeichnet (Lauer/Bendix 2006:104). Andererseits geschieht der Prozess der Wasserabgabe durch die Transpiration, indem die Vegetation das im Boden gespeicherte Wasser durch ihre Wurzeln aufnimmt, es durch den Stamm und die Zweige hinauf in die Blätter transportiert und anschließend durch die Stomata, die Spaltöffnungen der Blätter, als Wasserdampf in die Atmosphäre überführt. Evaporation und Transpiration werden unter dem Begriff der Evapotranspiration zusammengefasst (Strahler/Strahler 2005:204). Man unterscheidet zudem zwischen der aktuellen und der potentiellen Evapotranspiration. Als aktuelle Evapotranspiration wird die Wassermenge bezeichnet, die unter aktuellen Umweltbedingungen tatsächlich verdunstet, während man als potentielle Evapotranspiration jene Wassermenge bezeichnet, die bei optimaler Wasserverfügbarkeit maximal verdunsten könnte (Lauer/Bendix 2006:104).

Der durch Evapotranspiration aufsteigende Wasserdampf verbleibt zwar nur eine relativ kurze Zeit in der Atmosphäre, jedoch kann er in dieser Zeit beträchtliche Strecken zurücklegen, indem er durch die Windgürtel der allgemeinen Zirkulation der Atmosphäre über die Meeres- und Landoberflächen der Erde hinweg transportiert und verteilt wird (Hagett 2001:69).

3.2 Niederschlag

Niederschlag ist ein Prozess, bei dem der Atmosphäre mittels Kondensation bzw. Deposition Wasserdampf entzogen und den Meer- und Landflächen in fester oder flüssiger Form zugeführt wird (Schulte et al. 2007:454-455). Niederschlag kann nur dann auftreten, wenn Luftmassen einen Temperaturrückgang unter den Taupunkt erfahren, sodass der Sättigungsdampfdruck von Wasser überschritten wird. Der überschüssige Wasserdampf kondensiert dabei an feinsten atmosphärischen Partikeln wie Staub, Ruß und Salzkristallen, den sogenannten Kondensationskernen, und führt zur Wolkenbildung (Goudie 2002:358). Die Kondensation setzt sich so lange fort, bis sich ein neues Gleichgewicht zwischen Sättigungsdampfdruck und Wasserdampfdruck eingestellt hat (McKnight/Hess 2009:191). Die Abkühlung von Luftmassen unter den Taupunkt erfolgt für gewöhnlich, wenn diese in höhere Schichten aufsteigen und sich dabei adiabatisch abkühlen. Dabei wird keine Wärmeenergie an die Umgebung abgegeben, sondern das Luftpaket dehnt sich als Folge der Luftdruckabnahme mit der Höhe aus und verliert an Temperatur (Goudie 2002:357). Ein Luftpaket kann einerseits spontan aufsteigen, was mit Konvektion zusammenhängt, indem eine Erwärmung des Luftpakets durch Wärmeabstrahlung von der Erdoberfläche erfolgt. Die entstehenden warmen Luftmassen haben eine geringere Dichte als die umgebende Luft und steigen deshalb auf, wobei sie sich adiabatisch abkühlen und unter den Taupunkt gelangen (Goudie 2002:360). Andererseits kann Niederschlag aber auch durch erzwungenes Aufsteigen feuchter Luftmassen verursacht werden. Stoßen vorherrschende Winde auf ein Gebirge, werden diese zum Aufsteigen gezwungen, wodurch sich die Luftmassen ebenfalls adiabatisch abkühlen (Goudie 2002:360). Dieser orographische Niederschlag ist stark von den bodennahen Hauptwindrichtungen abhängig, sodass Luvseiten der Kontinente und Gebirge demnach niederschlagsreicher sind als entsprechende Leeseiten (Barsch/Bürger 1996:236). Niederschlag kann jedoch auch dadurch entstehen, dass sich bodennahe und wassergesättigte Luftschichten in der Nacht unter den Taupunkt abkühlen. Dadurch kondensiert das überschüssige Wasser an bodennahen Kondensationskernen in der Luft bzw. bodennahen Objekten, was somit zur Nebel- bzw. Tau- und Reifbildung führt (Baumann et al. 1974:27).

Es gibt zwei Prozesse, die maßgeblich an der Niederschlagsbildung beteiligt sind. Zum Einen ist dies der in den Tropen vorherrschende Prozess der Koagulation, bei dem sich die in Wolken enthaltenen Wasserteilchen zunehmend vereinigen und entsprechend der Schwerkraft Richtung Erdoberfläche fallen (Goudie 2002:359). Die meisten Wolkentröpfchen sind sehr leicht und bleibend schwebend in der Luft, während einige jedoch ausreichend schwer sind, um den Auftrieb zu überwinden, wodurch sie langsam durch die Wolke fallen. Dabei stoßen sie mit anderen Tröpfchen zusammen, reißen diese mit und gewinnen an Masse und Geschwindigkeit (Goudie 2002:359). Zum Anderen ist der Bergeron-Findeisen-Prozess charakteristisch für die Niederschlagsbildung in den mittleren und höheren Breiten (Goudie 2002:359). Grundlegend für diesen Prozess ist die Tatsache, dass sich Wolken in der Atmosphäre in eine Höhe erstrecken, in der die Temperaturen nur noch -20 °C bis -40 °C betragen und in der sie aus einer Mischung von unterkühlten Wassertröpfchen und Eiskristallen bestehen. Zudem herrscht über Eis ein geringerer Sättigungsdampfdruck als über Wasser gleicher Temperatur. Wassergesättigte Luft ist in Bezug auf die Eiskristalle dementsprechend übersättigt, was durch das Dampfdruckgefälle zu einer Deposition von Wassermolekülen an die Eiskristalle führt. Dieser Vorgang bewirkt jedoch ein Sättigungsdefizit der Luft, sodass einige Tröpfchen wieder verdunsten und das Gleichgewicht wiederherstellen (Goudie 2002:359). Dadurch kommt es zu einem ständigen Wachstum der Eiskristalle auf Kosten der Wassertröpfchen, bis diese zunehmend schwerer werden und aufgrund ihres Gewichts in tiefere Luftschichten fallen, in denen sie zu Tropfen schmelzen können. Die Art des Niederschlags, der die Erdoberfläche erreicht, hängt von den atmosphärischen Bedingungen dazwischen ab (Goudie 2002:360) und kann in der Form von Regen, Schnee, Hagel oder aus einer Mischung der drei Formen vorkommen (Davie 2008:10).

3.3 Abfluss

Abfluss ist per Definition das „Wasservolumen, das pro Zeiteinheit einen definierten Fließquerschnitt durchläuft und das letztendlich in flüssiger Form vom Land in das Meer zurückgelangt" (McKnight/Hess 2009:335), wobei diese Bewegung ober- und unterirdisch erfolgen kann und an den Weg des größten Gefälles gebunden ist (Davie 2008:10).

Wenn das Niederschlagswasser auf die Bodenoberfläche auftrifft, ist die Art des Abflusses sowohl von der Beschaffenheit und Sättigung des Bodens, als auch von der Niederschlagsintensität und dem Grad an Bedeckung durch Vegetation abhängig (Goudie 2002:364). In ihrem natürlichen Zustand sind die meisten Böden in der Lage das Wasser leichter bis mäßiger Regenfälle zu absorbieren, was als Infiltration bezeichnet wird (Strahler/Strahler 2005:203). Sie enthalten natürliche Poren zwischen schlecht zusammenpassenden Bodenpartikeln und größere Öffnungen wie Grabgänge von Würmern und anderen Tieren, die das Niederschlagswasser beim Eindringen in den Boden auffüllt (Goudie 2002:366). Nahe an der Bodenoberfläche entsteht eine Zone mit einem höheren Wassergehalt, die als Feuchtefront bezeichnet wird. Erreicht die Feuchtefront schließlich durch anhaltenden Regen die Bodenprofilbasis, ist die Feldkapazität erreicht und der Boden kann kein Wasser mehr entgegen der Schwerkraft zurückhalten. Überschüssiges Wasser, das nicht durch die kapillare Saugkraft der Bodenpartikel gehalten werden kann, sickert dabei unter dem Einfluss der Schwerkraft nach unten (Goudie 2002:366) in tiefere Bodenhorizonte oder –schichten, deren Wasserleitfähigkeiten sehr unterschiedlich ausgeprägt sein können (Schulte et al. 2007:457). Es gelangt somit entweder direkt in das Grundwasser und bewegt sich dem größten Gefälle folgend als Grundwasserabfluss dem Vorfluter, wie einem Bach oder Fluss, zu oder es stößt auf weniger durchlässige Schichten im Boden (Baumgartner/Liebscher 1990:74). Dabei wird das einsickernde Wasser gestaut, sodass es parallel zwischen Bodenoberfläche und Grundwasserspiegel hangabwärts fließt und entweder wieder an die Oberfläche tritt, zeitlich verzögert den Grundwasserabfluss speist oder direkt in einem Vorfluter mündet. Diese Art des Abflusses wird daher als Zwischenabfluss bezeichnet (Schulte et al. 2007:458). Nach Horton fließt das Wasser oberflächlich in Richtung Vorfluter ab, wenn in einer bestimmten Zeitspanne die Niederschlagsintensität höher als die Infiltrationskapazität (Goudie 2002:366). Nach Dunne kann Oberflächenabfluss aber auch entstehen, wenn der Oberboden, zum Beispiel durch einen Anstieg des Grundwasserspiegels, soweit mit Wasser gesättigt ist, dass er kein weiteres Wasser mehr aufnehmen kann (Schulte et al. 2007:458). Beide Abflussarten sind in der Realität eng miteinander verknüpft und führen dazu, dass das oberflächlich abfließende Niederschlagswasser den Grundwasserspeicher nicht mehr erreicht (Schulte et al. 2007:458). Der in einem durch Wasserscheiden begrenzten Wassereinzugsgebiet gefallene Niederschlag erreicht somit entweder auf dem Weg des Oberflächen-, Zwischen- oder Grundwasserabflusses den Vorfluter und fließt dem Gefälle folgend Richtung Meer, wo sich der Kreislauf schließt (Baumgartner/Liebscher 1990:74). Zudem speist vor allem der Grundwasserspeicher den Basisabfluss des Vorfluters, sodass auch in trockenen Zeiträumen ein Mindestabfluss gewährleistet ist und die Lebensbedingungen für das Ökosystem aufrecht erhalten bleiben (Schulte et al. 2007:459).

Die Art des Abflusses entscheidet zudem darüber, inwiefern das abfließende Wasser der Evaporation ausgesetzt ist, wenn es sich um oberirdische Speicher wie Flüsse und Seen handelt, oder ob es dem Wasserkreislauf sogar für geologische Zeiträume entzogen wird, indem es aus unterirdischen Speichern in tiefe Schichten versickert (Baumgartner/Liebscher 1990:74).

4 Grundgleichung des Wasserhaushaltes

Der Wasserhaushalt lässt sich als das „Zusammenwirken der Wasserhaushaltselemente wie Niederschlag, Abfluss, Verdunstung, Rücklage und Aufbrauch“ (Marcinek/Rosenkranz 1996:29) in einem abgegrenzten Betrachtungsgebiet definieren. Durch die Grundgleichung des Wasserhaushaltes werden die im Wasserkreislauf zirkulierenden Wassermengen quantitativ erfasst, wobei angegeben wird, wie viel Wasser auf die einzelnen Wasserhaushaltselemente entfällt (Keller 1961:9). Beim Aufstellen einer Wasserbilanz geht es primär um die Ermittlung der Wassermengen auf der Ein- und Ausgabeseite in einem Betrachtungsgebiet (Keller 1961:331). Die Abflusshöhe wird dabei als wichtiger Leitwert für regional verfügbare Wassermengen, die zum Wirtschaften zur Verfügung stehen, angesehen (Marcinek/Schmidt 1995:136), wenn man von einer Wasserentnahme aus Gletschern und fossilen Vorkommen absieht (Marcinek/Rosenkranz 1996:34). Allerdings wird dabei nur die quantitative und nicht die qualitative Seite des Wasserdargebots erfasst (Marcinek 1997:456).

Für das Aufstellen einer Wasserbilanz in einem natürlichen Einzugsgebiet werden die Input- und Output-Größen gleichgesetzt (Schulte et al. 2007:453). Eine einfache Gleichung berücksichtigt den Niederschlag (N) als einzige Größe auf der Einnahmeseite und die Verdunstung (V) und den Abfluss (A) als Größen auf der Ausgabeseite (Rössert 1976:27):

(1) $N = V + A$

Bei der Betrachtung von langjährigen Zeiträumen können die jeweiligen Wassermengen, die auf den Niederschlag, die Verdunstung und den Abfluss entfallen, bei gleichbleibendem Klima und gleichbleibender Lage des Meeresspiegels als relativ konstant angesehen werden. Für definierte Zeiträume müssen jedoch Rücklage (R) und Aufbrauch (B) berücksichtigt werden (Lauer/Bendix 2006:101). Die Vorratsänderung $\Delta S = R - B$ ist positiv in niederschlagsreichen Beobachtungszeiträumen, in denen der Zuwachs der Wassermenge in den ober- und unterirdischen Wasserspeichern die Entnahme aus diesen überwiegt. Umgekehrt verhält es sich in trockenen Beobachtungszeiträumen (Rössert 1976:27):

(2) $N = V + A + (R - B)$

Bei Bilanzierungen von politischen Raumeinheiten, deren Grenzen sich nicht mit den Wasserscheiden der Einzugsgebiete decken, muss der Oberflächen- und Grundwasserzustrom durch Oberlieger (Z) als weitere Input-Größe einbezogen werden (Schulte et al. 2007:453):

(3) $N + Z = V + A + (R - B)$

Nach Marcinek und Schmidt (1995:140) entfällt dabei für Deutschland eine durchschnittliche Wassermenge in Höhe von 783 mm/a auf den Niederschlag, 188 mm/a auf den Zufluss aus der Schweiz, Österreich und der Tschechischen Republik und 514 mm/a auf die Verdunstung. Durch Auflösen der Gleichung nach dem Abfluss und ohne Berücksichtigung der Vorratsänderung ergibt sich eine potentiell nutzbare Wassermenge von 457 mm/a. Dies entspricht einer Wassermenge von 163,4 km^3/a, von der jedoch nur ein geringer Anteil für die Nutzung entnommen wird.

5 Anthropogener Eingriff in den Wasserkreislauf

Der Eingriff des Menschen in den Wasserkreislauf kann sowohl im Gewässerbett, als auch auf den Landflächen erfolgen. Es wird zudem zwischen direkten Eingriffen, die unmittelbare Auswirkungen auf den Wasserkreislauf haben, und jenen, die auf indirekte Weise Veränderungen verursachen, unterschieden (Baumgartner/Liebscher 1990:76).

Bei den Eingriffen im Gewässerbett handelt es sich primär um den „Bau von Schutzeinrichtungen gegen Überflutungen, um Flussausbauten für die Schifffahrt sowie um die Errichtung von Bauwerken zur Energiegewinnung" (Liebscher 1984:133). Die Anlage von Uferbefestigungen, Deichen, Stauwerken und Rückhaltebecken führt zu einer zeitlichen und örtlichen Umverteilung der Abflussmengen (Liebscher 1984:133). Ausgedehnte künstliche Wasserflächen wie Speicherseen für die Trinkwasser- und Energiegewinnung sowie Schifffahrtskanäle führen zu erhöhten Verdunstungsraten (Baumgartner/Liebscher 1990:77). Wasserüberleitungen in andere Einzugsgebiete entziehen das Wasser gänzlich aus seinem angestammten Gebiet (Baumgartner/Liebscher 1990:77). Die direkte Entnahme, Nutzung und Rückleitung von Wasser gehören ebenfalls zu den direkt auf das Gewässer einwirkenden anthropogenen Eingriffen. Hierunter fällt nicht nur die Nutzung des Wassers für Bewässerungszwecke, als Kühlwasser in Kraftwerken oder für die industrielle Produktion (Baumgartner/Liebscher 1990:77), sondern auch zur Gewinnung von Energie und zur Versorgung von Haushalten (Schönwiese 2008:155).

Bei den anthropogenen Maßnahmen auf den Landflächen handelt es sich um Eingriffe in die Landschaft durch Urbanisierung, Terrassierung und durch Land- und Forstwirtschaft (Liebscher 1984:134). Entscheidenden Einfluss auf die verschiedenen Komponenten des Wasserkreislaufs haben sowohl die Vegetation als auch die Bearbeitung des Bodens (WBGU 1997:64). Der Kahlschlag von Wäldern bewirkt zum Beispiel nicht nur, dass die Transpirationsrate gesenkt wird, sondern auch dass die Interzeptionswirkung wegfällt und dadurch erhöhte fluviale

Erosionserscheinungen eintreten. Die Verringerung der Rohhumusauflage führt zu einem verminderten Infiltrationsvermögen des Bodens und somit auch zu einer verminderten Grundwasserneubildung, wohingegen der Oberflächenabfluss verstärkt wird (Baumgartner/Liebscher 1990:78). Mit der Anlage von Siedlungen, Verkehrsflächen und Produktionsstätten geht eine Versiegelung von Bodenflächen einher. Das bedeutet eine beträchtliche Verminderung der Infiltration und somit der Grundwasserneubildung, der Verdunstung sowie dementsprechend eine Erhöhung des Oberflächenabflusses (Baumgartner/Liebscher 1990:79). Diese einschneidenden Eingriffe in den natürlichen Wasserkreislauf ziehen immense Veränderungen für die in dem Gebiet betroffene Vegetation nach sich (Dister/Henrichfreise 2009:26). Es tritt dementsprechend ein Selbstverstärkungseffekt ein, da die Vegetation ihrerseits ebenfalls einen starken Einfluss auf die Ausprägung der jeweiligen Komponenten des Wasserkreislaufs hat.

Verstärkter CO_2-Ausstoß infolge von Verbrennung fossiler Energieträger führt zu einer Intensivierung des Treibhauseffektes und somit zu einer anthropogenen Beeinflussung des Klimas. Dies hat Rückwirkungen auf alle Komponenten des Wasserkreislaufs, indem eine Änderung des Temperatur- und Feuchtehaushaltes der Atmosphäre herbeigeführt wird (Baumgartner/Liebscher 1990:81). Zudem hat die Einflussnahme auf die Qualität des Wassers und des Bodens durch z.B. Emissionen, Abwassereinleitungen, Überdüngung und Pestizide negative Auswirkungen auf die dort vorhandene Vegetation, was ebenfalls Rückwirkungen auf den Wasserkreislauf hat (Liebscher 1984:136).

6 Zusammenfassung

Zusammenfassend lässt sich also festhalten, dass Wasser eine sehr wertvolle und lebensnotwendige Verbindung ist, die jedoch sehr ungleich auf der Erde verteilt ist. Der Wasserkreislauf, so einfach er auch modellhaft dargestellt werden kann, ist jedoch in Wirklichkeit ein Zusammenspiel komplexer physikalischer Prozesse, das zusätzlich durch den gleichzeitigen Einfluss von Vegetation, Bodenart, Morphologie und Klima determiniert wird. Die Gesellschaft muss jedoch, um den steigenden Bedarf an Wasser decken zu können, auf eine nachhaltige und sparsame Weise mit den verfügbaren Wassermengen umgehen, ohne dabei verknüpfte Ökosysteme zu schädigen. Voraussetzung dafür ist das noch bessere Verständnis der naturgesetzlichen Abläufe und Zusammenhänge im Wasserkreislauf, sowie die genauere quantitative Ermittlung der zirkulierenden Wassermengen. Dies sind unter anderem die großen gegenwärtigen Herausforderungen sowohl an die Hydrologie, als auch an die Gesellschaft.

Literaturverzeichnis

Barsch, H./Bürger, K. (1996²): Naturressourcen der Erde und ihre Nutzung. Gotha: Justus Perthes.

Bauer, J./Englert, W./Meier, U./Morgeneyer, F./Waldeck, W. (Hrsg.) (2002): Physische Geographie kompakt. Heidelberg: Spektrum.

Baumann, H./Schendel, U./Mann, G. (1974): Wasserwirtschaft in Stichworten – Wasserhaushalt und seine Regelung. Kiel: Ferdinand Hirt.

Baumgartner, A./Liebscher, H.-J. (1990): Allgemeine Hydrologie – Quantitative Hydrologie. Berlin: Gebrüder Borntraeger.

Davie, T. (2008²): Fundamentals of Hydrology. New York: Routledge.

Dister, E./Henrichfreise, A. (2009): Veränderungen des Wasserhaushalts und Konsequenzen für den Naturschutz. In: Natur und Landschaft 84(1), 26-31.

Goudie, A. (2002⁴): Physische Geographie – Eine Einführung. München: Elsevier.

Hagett, P. (2001³): Geographie – Eine globale Synthese. Stuttgart: Eugen Ulmer.

Hupfer, P. (1996): Unsere Umwelt: Das Klima - Globale und lokale Aspekte. Stuttgart: Teubner Verlagsgesellschaft.

Kazmann, R. G. (1972²): Modern Hydrology. New York: Harper & Row.

Keller, R. (1961): Gewässer und Wasserhaushalt des Festlandes – Eine Einführung in die Hydrogeographie. Berlin: Aude & Spenersche Verlagsbuchhandlung.

Lauer, W./Bendix, J. (2006²): Klimatologie. Braunschweig: westermann.

Liebscher, H.-J. (1984): Der Wasserkreislauf und seine Beeinflussung durch den Menschen. In: Geowissenschaften in unserer Zeit 2(4), 130-136.

Marcinek, J./Schmidt, K.-H. (1995): Gewässer und Grundwasser. In: Liedtke, H./Marcinek, J. (Hrsg.) (1995^{2}): Physische Geographie Deutschlands. Gotha: Justus Perthes, 131-152.

Marcinek, J./Rosenkranz, E. (1996^{2}): Das Wasser der Erde – Eine Geographische Meeres- und Gewässerkunde. Gotha: Justus Perthes.

Marcinek, J. (1997): Allgemeine Hydrogeographie. In: Hendl, M./Liedtke, H. (Hrsg.) (1997^{3}): Lehrbuch der Allgemeinen Physischen Geographie. Gotha: Justus Perthes, 449-506.

McKnight, T. L./Hess, D. (2009^{9}): Physische Geographie. München: Pearson Studium.

Rössert, R. (1976^{2}): Grundlagen der Wasserwirtschaft und Gewässerkunde. München: Oldenburg Verlag.

Schönwiese, C.-D. (2008^{3}): Klimatologie. Stuttgart: Eugen Ulmer.

Schulte, A./Schütt, B./Möller, S. (2007): Hydrogeographie. In: Gebhardt, H./Glaser, R./Radtke, U./Reuber P. (Hrsg.) (2007): Geographie – Physische Geographie und Humangeographie. München: Elsevier, 452-482.

Strahler, A. H./Strahler, A. N. (2005^{3}): Physische Geographie. Stuttgart: Eugen Ulmer.

Symader, W. (2004): Was passiert, wenn der Regen fällt? Eine Einführung in die Hydrologie. Stuttgart: Eugen Ulmer.

Wissenschaftlicher Beirat der Bundesregierung Globale Umweltveränderungen (WBGU) (Hrsg.) (1997): Welt im Wandel: Wege zu einem nachhaltigen Umgang mit Süßwasser – Jahresgutachten 1997. <http://wbgu.de/wbgu_jg1997.pdf> abgerufen am 01.04.2010.

Wilhelm, F. (1997): Hydrogeographie – Grundlagen der Allgemeinen Hydrogeographie. Braunschweig: westermann.